フランス、葡萄畑のツーリズムと観光案内所

～グランドツアーの回顧からアジア的田園産業を展望する～

岩田 文夫 著

現代図書

This work is dedicated to **Karlheinz** and **Thérèse**.

まえがき

　昨年(2017年)12月24日、私は2、3ヵ月ぶりに、フランス在住のG氏にメールを送った。十数年前にフランスで行った葡萄畑のグランドツアーに関し、回想記を書いていて近く出版したい、その際には、お世話になったG氏夫妻にその本を献呈したい旨を伝えるためだった。直ぐに返事のメールが来て、積極的なコメントをくれ、その中であの旅に同行した私のゼミ生3人のその後を尋ねてくれた。私は彼らのその後について答え、それからいつもの如く新年に向けて挨拶を交わすメールを交換した。

　ここで、2004年夏のあのグランドツアーの後、本書を書き出すに至る2015年までの間のことを、略式だが振り返っておきたい。

　2006年に私は、なにか焦りの気持ちを感じながら、フランスの葡萄畑のツーリズム関連の資料の他に、フランスの重農主義関係の資料を一部加え、一冊の本にまとめた。それは「田園産業の歴史と文化」と題する、いわば研究資料編であり、一応、出版(形相社)の形は取ったが、大学院のゼミの授業用テキストとして使うのが目的だった。旅行全体の報告書あるいは紀行文の作成については次の機会が訪れるのを待ちたい、と

考えた。その後間もなく私は現役を退き、名誉教授となったが、やり掛けの研究は残していたので、数年後フランスに行き、パリ近郊の図書館や文書館でツーリズムとは別のテーマに関して史料探しをし、次の論文の準備を行っていた。やがて2014年が近づくのが気になってきた。それは第一次世界大戦開戦から100周年記念の年だ。私は懸案だったやり掛けの訳本を完成させたいと思った。この時も焦る気持ちだった。2012年の途中から仏訳の仕事を再開した。その本は、二つの世界大戦間の国際経済社会の変動を描いた、タイトルが「La crise de 1929(1929年の恐慌)」(J. ネレ著、アルマン・コラン社、1971年刊)であり、幸い訳本は2014年中に同名のタイトルで刊行(現代図書社)できた。

　そして2015年になると、地球温暖化に対する国連の会議、COP21(パリ)の話題が多く聞かれるようになった。この背景にある強力な主張は、資本主義の行き過ぎ、経済成長重視政策に対する批判だった。それに対する対策として、世界の主張は二酸化炭素の排出を減らそう、ということだった。私はそれとは別の立場から、より環境にやさしい産業という意味から、農業に観光政策を採り入れる「田園産業」の考えを持っていた。そのための一つのモデルとして考えたのが、フランスの葡萄畑のことだ。私が最初にそのような考えをもったのは、かなり前のことで、1990年代半ば以降だったと思うが、日本がコメ問題で大揺れだった頃からだ。

まえがき

　私の立場のみから考えたことを手短に述べてみると、それは次のようなことだ。すなわち、コメ(作り)は日本の伝統文化だ、と人は言う。しかし、伝統文化というのは、「コメ」よりもむしろ「水田稲作」のことだろう。我々には、漠然とコメと水田を一心同体のもの、と考える傾向があるようだ。それは情緒的なもので、科学的ではないかもしれない。例えば、経済学原理に従えば、コメは消費財であり、水田は生産財であって、両者は画然と区別される。両者の役割はそれぞれに違う。一心同体と思うと、コメが段々食べられなくなった場合、田圃が要らなくなる、と考えがちになる。それは残念なことだ。それぞれ別途に再興策を工夫すべきであり、特に水田こそコメより大切にすべき、と私は考えた。その時、考えのヒントになったのが、フランスの葡萄畑のことだった。フランスの葡萄畑を日本の水田と置き換えてみると、ずいぶん似ている所があると私には思われた。このことが、その後の私の考えの底に横たわっていた。(グランドツアーから十数年経って、むしろこの点がより明瞭になった感じがしている。)

目　次

まえがき 3

1　なぜ葡萄畑、なぜ観光案内所か 9
- 葡萄、そして葡萄畑の概略 9
- 観光案内所の存在を再認識 12
- 歴史文化遺産としての葡萄畑とその風景 13
- もう一つの大変重要な事情 15

2　葡萄畑のグランドツアー 19
- グランドツアーの前に 19
- ツアー日記と回想 21
  - ◆到着初日 21
  - ◆2日目 25
  - ◆3日目 29
  - ◆4日目 34
  - ◆5日目 39
  - ◆6日目 42
  - ◆7日目 46
  - ◆8日目 52
  - ◆9日目 57
  - ◆10日目 62
  - ◆11〜13日目 65

3 アジア的「田園のツーリズム」に向けて 71
- ○ 「水田のツーリズム」について 71
- ○ アジア的田園産業という考え 74

結びにかえて 79

1　なぜ葡萄畑、なぜ観光案内所か

◯　葡萄、そして葡萄畑の概略

　夏の昼下がり、見渡す限り緑の葡萄畑。見上げれば一面の青い空。畑には作業する人の姿が見えない、音もない、暑さの中の静寂。しかし、青空の下、時が過ぎて行く中で葡萄の葉は陽の光を受け、その根は地下の水分を吸い上げて葡萄の果実は静かに育つ。(以上が、2004年の夏にフランスのワイン生産地で見てきた「葡萄畑」の記憶のシーンである。)

　秋には実が熟し、収穫期を迎えることになるだろう。ここからいよいよ次の段階、ご承知のごとくワイン醸造の過程に進むことになるわけである。言うまでもなく、ここに述べる葡萄はワイン用の葡萄のことであり、普通に果物として食べる葡萄ではない。通常の食用の葡萄が果物店の店先で食用として売られる場面をちょっと想像してみよう。通常の果物店の店先であっ

たらおそらく安い値段でしか売れていないだろう。しかし、これがワインとなって市場に出るならば、価格は一体どのくらいになるだろうか。答えは誰にでも分かる。上から下まで違いはあるが遥かに高い価格が付くのである。その意味は、ワインとしての醸造の過程で高い価値が発生しているということである。これが「付加価値」というものであり、その実体は、葡萄の性質に人間の知恵や技術と、何よりも熟成という時間の経過が合体した結果である。この点、葡萄について特別の性質だと言われるところだ。

　葡萄の木は元来、長命で野性的、放っておけばどんどん大きく伸びて行く力を秘めている。また強い再生能力を持つ。例えば「挿し木」の方法がある。春、20〜50センチくらいに切った枝を土に挿しておくと、しばらくして根が出、芽が出て成長し、4、5年もすれば立派な葡萄の木となって実を付ける。ほかに、元気よく伸びた枝を土に埋め、芽が出たらそれらを切り離して増やす「取り木」の方法もある。洋の東西を問わず、よく知られたこのような方法を使えば、葡萄の木は絶えず再生を続けられることになる。

　葡萄畑のことをフランス語で普通、ビニョーブル（vignoble）と言い、同様にビーニュ（vigne）を使う場合もあるが、ビーニュには葡萄の木の意味もある。いずれにしても、一般的に人々がワイン生産地域で眺められる葡萄畑の風景というのは、世界的に大体よく似ている。このことは、遠い昔からの諸地域

の葡萄栽培・ワイン醸造の文化がヨーロッパで広く伝播し、ワイン史家の言う「ヨーロッパの葡萄文明」の姿として現れたものだからだろう。史家によれば、このような葡萄畑の形成は、フランスでは紀元前のローマ帝政支配下の頃、南のナルボンヌ地方に端を発し、そこから西はボルドー地方、中央はパリ地方、東はモーゼル地方などへと広がったという。勿論、よく知られるように、ローマ軍が遠征、支配した所にローマ人好みの葡萄畑が拓かれ、ボルドーやブルゴーニュ等々今日まで隆盛を続けるワイン産地はそれである。

　今日よく知られている葡萄畑の風景は、長い変遷の後、およそこの300年くらいは変わっていないとのことである。しかし、1800年代の後半に、フランスを中心に近隣の国々で葡萄畑の景色を一変させる危機の時期があったことが知られている。伝えられているところによると、北アメリカからフランスに持ち込まれ移植された葡萄の木の根っこに寄生していて、木の養分を吸い取ってしまう「フィロキセラ」という、肉眼でやっと見えるくらいのシラミのような姿の寄生虫がフランスで大繁殖し、そこから近隣に広がったため、フランスを中心に葡萄畑は大打撃を受けてその姿を一変させたこともあった。幸い、知恵のあるフランス人研究者がアメリカに成育するこの寄生虫に耐性のある葡萄の木を探してこれをフランスの土地に移植し、それにフランスの葡萄の木を「接ぎ木」する方法を思いつき、これによってこの歴史的大問題を解決したのであった。こうして今日

の葡萄畑の風景は回復されたわけである。

◯ 観光案内所の存在を再認識

　1998年（平成10年）の7月末のこと、身内の旅行でフランス・パリのシャルル・ドゴール空港で帰りの便を待つ間、ロビーというのか、人が沢山行き交う広い通路を歩いている時に、どのあたりかはっきり覚えていないが傍らに積んであった空港の無料の広報誌を見つけ、手に取ってみた。仏語版、A4サイズ、80ページほどのカラフルな雑誌で、フランス美人の一面の顔写真が載った表紙にはタイトルが「フランス　エアポート」1998年7・8月　第6号と書いてあった。開いてみると中身は当然のことながら様々な、興味を引く商品などの宣伝が多かったが、その中にフランスの葡萄畑やワインを宣伝する6ページほどの、明らかに特集記事と思われる部分があった。そこに紹介されていた産地は、順に挙げてみるとアンジュウ・ソーミュール（フランス中部）、ロアンヌ丘陵地（リヨンの近郊）、ディー（リヨンとグルノーブルの中間）、コート・デュ・ローヌ（ローヌ丘陵地）、バンドール（南フランス）、日本でも有名なボージョレー（ブルゴーニュ地方）などであった。それらの葡萄畑、ワイン貯蔵庫（カーブ）内の大きな樽の列、そしてワイン、そこでイベントを楽しむ観光客等々の写真が紹介されてい

た。この特集記事のタイトルは、"バカンスには、フランス各地の葡萄畑を歩いてみよう"というものだった。これら産地の広大な美しい葡萄畑の細道を若者たちがウォーキングをする光景、醸造所(ボルドーではシャトーと言うが、他の産地ではドメーヌと言っている)のカーブでワインを飲みながら楽しむ観光客の写真が紹介されていた。当然、観光客誘致の目的だが、それだけではなかった。私はそこに、これまでになかったものを感じた。すなわち、紹介されているワイン産地へのアクセス(行き方)を容易にする、産地それぞれの観光案内所(オフィス・ド・ツーリスム)の住所や電話番号が載っていたのである。その上、名産のワイン銘柄、味の特徴、郷土料理、そして地元のホテル、レストランの案内等々。これらの観光案内所というのは、観光大国フランスの観光省を頂点とする、ピラミッド型の巨大な全国的観光案内所組織の基盤を構成するものである。旅をするのに旅先の情報が必要であり、そのために観光案内所は最も頼りになる。この点でフランスのこの全国的な組織は必須のシステムだと、この時、強く印象づけられたものであった。

○ 歴史文化遺産としての葡萄畑とその風景

　同じ頃、大きな変化を感じさせられることがあった。変化というのは、葡萄畑が歴史的、また文化的遺産として評価される

ようになったことである。そのことに気付かされるようになったのは、フランスのある有名なワイン産地の葡萄畑が「世界遺産」になったということで、日本のあるテレビ番組で紹介されたことだった。すなわち、フランス西南部ボルドーの、やはりローマ時代に起源を持つ、サンテミリオン市にある葡萄畑が、その風景と、付随する建物群が歴史的価値を保持する世界文化遺産として「世界遺産委員会」(ICOMOS) により認定されたことであり、1999年9月のことであった。1972年にパリのユネスコ総会において世界遺産条約が締結されてから初の農業農村の世界遺産ということであった。以来十数年の間にポルトガル、ハンガリー、ドイツ、スイスなど他のヨーロッパ諸国の伝統的なワイン産地でも葡萄畑が続々と言っていいように世界遺産に認定されていった。これらのことにより、葡萄畑とその風景は歴史的文化的価値を持つ世界遺産ということが広く認識されていった。

　世界遺産の考え方が出てきたのは、よく知られていることだが、20世紀中ごろにおけるエジプトのナイル川に計画された巨大なアスワンハイダムの建設で水没の危機に曝された古代遺跡の保護の問題が発端である。そこから世界遺産の話は進化、拡大していく訳であるが、葡萄畑の生産物、すなわちワインに関してなら、以前から研究もされてきており、名著、大著は存在している。しかし、葡萄畑の風景が、歴史文化遺産とみなされ、その面から評価、研究の対象になったのは、1980年代以

降のことで、フランスの地理学者が風景に関する研究書を出版しているのが、そのころからのようである。

◯ もう一つの大変重要な事情

　20世紀から21世紀への転換期における世界の人々の大きな関心事は、グローバルな環境問題、地球温暖化（グローバル・ウォーミング）の問題であり、現在も解決に向けて国際的な努力、協力が継続中である。この問題のそもそもの原因については、省略して言えば、18世紀中ごろイギリスに始まる産業革命以来の工業技術の進展を基盤とする資本主義の発展と経済成長ということであり、自然資源の大量消費に基づく資源枯渇や自然破壊（一例としてドイツの「黒い森」の木々が酸性雨により枯れた等）への危機感がすでに1960年代の終わり頃には高まっていた。つまり、資本主義の発展そのものがこの世紀的、地球的問題の原因ということになるわけであり、経済成長を単純に肯定する見方は反省を迫られる。それまで長い間、資本主義発展、その拡大を単純に良いことと信じて来たとすると、そのことから欧米先進国の過去の経済の歴史や思想を振り返って見つめ直す必要を感じさせられることにもなろう。

　過去に次のような考え方があったことが思い出される。それは、18世紀中ごろにフランスで発表された「重農主義」と訳さ

れる経済学説、経済思想のことである。それはフランス語でフィジオクラシー（physiocratie）と言い、"自然の力が支配するシステム"の意味を持つ。当時のフランス国王ルイ15世（ベルサイユ宮殿の造営で知られる太陽王「ルイ14世」の曾孫にあたる）の侍医（外科医）であったフランソワ・ケネーが、血液の循環から想を得て、生産物と所得の社会内循環を解明する『経済表』と題する書を著し（1758年）、その関連で主張した、農業を重視する考え方である。この著作はケネーも生活していたベルサイユ宮殿内の人々の間で大変評判になり、あの有名なポンパドール夫人も"（内容が）難しいのではないか"と読後感を述べたことが伝えられている。ケネーの影響のもと、王国政府内ではそれを支持する国王ルイ15世や、宰相ベルタン（発表当時は疑問を持っていたが、ケネーと議論を重ねる内に支持するようになったと、資料にある。）らが「国務会議」において「王立農業協会」の設立を決定（1761年）し、それを通じて各地の農業改善を奨励した。

　フランソワ・ケネーの重農主義経済思想の一部だが、興味深く思われる一つの点は、単純化して言えばこうである。経済的生産の目的は、富の生産であり、価値の生産であるが、農業のみそれが可能である。「商業」活動は品物を場所移動させるだけであり、「工業」生産は原材料を加工して形を変えるだけであるから、真の価値を生産することにはならない。しかし「農業」は、自然の力で無から生産物を作りだすことができるのだから、

「農業のみ」が真の「価値」、すなわち「富」を生産することができるのだ、と言う。要するに、富の源泉を農業に求めたのである。しかしながら、この考え方は、イギリスから工業技術の革新（ジェームズ・ワットの蒸気機関等）による産業革命が発進しようとしていた時期である18世紀後半の西ヨーロッパにおいては主流になれなかった経済学であり、社会経済思想ではあった。しかし、その著は今日でも世界的名著の一つであり、簡単に書店で手に入る。私にはこのケネーの考え方は、今日の地球温暖化防止が叫ばれる時代には、見直されていいことだろうと思われた。

　先に触れた地球温暖化の問題は、20世紀末から21世紀初めにかけて世界の主要な関心事となり、以後それについての懸念は増々広まっている。記憶に新しいが、2015年12月にパリで開催された地球温暖化防止に関する国連の会議は「コップ21」と呼ばれ、そこで合意された協定は「パリ協定」と略称されて広く世界に知られる。私について言えば、上のような事情が、懸案だったこの本を書き始める気持ちを強くしてくれた。

2　葡萄畑のグランドツアー

○　グランドツアーの前に

　グランドツアーのためにフランスに出かけるのは2004年のことである。しかしその前の3、4年の間に、史料調べもあってフランスに行く機会はあり、その際、スペインにも足を伸ばして、それらの国の幾つかのワイン産地で葡萄畑と観光案内所の下見を試みたことがあった。(その時の見聞は大変有意義だったが、残念ながら、本書では書く余裕はない。)その機会を利用して、パリの学生街カルチエ・ラタンのサン・ミッシェル大通りに面した大きな書店で、フランスの葡萄畑の観光ガイドブックを探してみた。思いも寄らなかったことだが、葡萄畑のガイドブックは諸出版社が発行していて、各地方(レジオン)の産地別の版あり、全国版ありで、訪ねてみたい向きには、必要な情報は完備しているようだった。私は十数冊の、カラフル

でアトラクティブなそれら案内書を手に入れることにした。それらの資料を見ると、フランスのワイン産地の、そして葡萄畑の広大さに目を見張る。出かけて行って、頑張ってみてもほんの一部しか見られないだろう。それにもかかわらず、見に出かけたいと思った。

　私は間もなくこの調査旅行を計画した。他に3人の参加希望があった。彼らは、当時私の在職していたM大学（千葉県浦安市）の大学院修士課程で論文準備中の学生1人と特別研究生2人。都合4人のメンバーとなった。フランスでの言葉の問題については、4月から出発の8月まで皆で学習して備えることになるが、それで足りないことは当然のこと。私ひとりが分かれば何とか旅は出来るという心積りだった。

　その頃私には、私の独創というわけではないが、「田園産業論」あるいは「田園文化論」と名付けた新しい研究目標があった。それを簡単に説明すれば、農産業（今回の場合はワイン産業）プラス（それを支援する）観光的要素の組み合わせ、あるいはそのシステムに関する研究目標であり、同行の3人はそれに共鳴してくれていた若者たちである。その目的でおこなおうとする海外調査には、当然彼らのフランスへの別の期待はあった。それを踏まえてではあるが、フランスツアーの目標は、簡単に二つに絞った。以前は城郭建築や大聖堂などの観光名所の背後にあったが、今や歴史的文化遺産と評価される「葡萄畑」の風景を直接自らの目で眺望すること、もう一つは、産地を支援する

役割を担い、全国に展開する「観光案内所」(tourist information office 或いはフランス語で office de tourisme) の実際の様子を見聞することであり、さらに付け加えるならば、その後に生かせるような有意義なインスピレーションを旅から得ること、だった。(実は、参加希望の3人のうち2人はアジアからの留学生で、日本と同じ「コメ食コメ酒」の文化を持つ国の出身。当時はそういう話は取り立ててすることはなかったが、旅の目的の底にはフランスのその種の文化との対比の意識があった。)

 上記の目標を持って、我々はフランスに出かけることにした。出発は2004年8月25日、帰国は9月8日、15日間の予定である。おおよその旅程は立てたが、出たとこ勝負の感じの強い旅だったので、途中での変更は当然あり得るものとした。

◯ ツアー日記と回想

◆到着初日（8月26日木曜日、晴れ）
――パリ、ポワシィ、シャルトル、トゥビル

 フランス時間朝7時少し前、パリ・シャルル・ドゴール国際空港到着。香港を経由する航空便を利用したので20時間ほどかかったようである。外はまだ薄暗かったので、先を急がず、空港内のマクドナルドで朝食を取りながら、その日の予定を話

した。

　10時過ぎに空港から「凱旋門方面行き」の直行バスに乗り、40分でパリ西部のシャルル・ドゴール広場（エトワール広場）に到着。

　先ずはここから地下鉄郊外線でパリから西方へ20キロのポワシィ駅へ。葡萄畑とは別の目的だが、「ポワシィ市立図書館」で1867年に「第2回パリ万博」と同時期に開催された「ポワシィ農業祭」に関する史料探し、そして同市の「観光案内所」＜写真1＞で同市の歴史に関する資料探しをしたいと思っていた。しかし、夏休み中でこの日は両方とも休み。しばらく町を歩いてみることにした。牛とか羊らしい名前の付いた道路があった。

＜写真1＞

この町は、フランス革命（1789年）以前から公認の家畜市場があったところで、その名残は今に続いているようだ。ここは、ベルサイユ市に至るベルサイユ通りが通っている。

　2時にエトワール広場に戻り、再び地下鉄で南方向のモンパルナス駅へ向かい、3時前に到着。ここから急行列車で南方面へ約1時間の、昔から中世の大聖堂が有名で世界遺産にもなっている、シャルトルChartresへ向かう。駅にはG氏が迎えに来てくれているはずだ。ドイツ出身のG氏とは、パリ大学（同氏はソルボンヌという言い方を好む）の授業の時以来の長い付き合いで、これまで何かにつけ助けてもらっている。3時過ぎに電車はモンパルナス駅を南に向け出発。途中、ベルサイユ駅通過の辺りで進行方向右側の窓から遠くにベルサイユ宮殿を望みながら、シャルトルの駅には4時に到着。G氏が待っていてくれた。同氏の車に、手伝ってもらって我々は荷物を積込み、同氏の住む小さな田舎の町、トゥビルTheuvilleへ、駅前から南方向に向けて出発。

　シャルトルの町の中心部を抜け、これから通過しようとしているのは広大な'ボース平野'。昔から小麦を沢山生産してきたフランスの歴史的にも知られる穀倉地帯。近年、事情は変わった、とG氏の話。車窓から我々の目に飛び込む光景は、広い'ひまわり'や'とうもろこし'の畑。私は、この辺はこれまで何回も案内してもらっているが、初めての同行者たちにも印象深い光景だったようだ。途中に点在する2、3の小さな町のひ

と気のない道路を走り抜け、3、40分のドライブの後、車はG氏宅に到着。T夫人が迎えてくれた。ここは同夫人の実家で、私はずっと以前から何度もお邪魔して、様々な人たちと出会った家だ。

　この夜は、G氏と大事な話。それは、前もってG氏に依頼していた、ある「本」のこと。G氏が出版所から取り寄せておいてくれた。それはフランスの「ツーリズムと余暇活動」に関わる人たち、とりわけ観光案内所の職員用のガイドブックで、いわば「トラの巻」であり、そのタイトルもずばり、「ル・ギッド」(LE GUIDE)の2004年版＜写真2＞。1,534ページもある分厚い本だ。今後、訪れる予定の観光案内所で目にするだろう本である。膨大、細密な内容をもつこの公的ガイドブックは、個人的感想だが、パラパラとめくってみて楽しい。フランス全国、津々浦々に

＜写真2＞

3,263 ヵ所（当時）の観光案内所「Office de tourisme」が設置されていて（その他に海外設置のオフィスも）、一般の旅行者にとっても、所在地、アクセス、宿泊施設、レストランなどの情報が得られ、旅行の手引きとなる。この「ガイドブック」によるとフランスの観光案内所の組織体系はピラミッド型。単純化すると、先ず「国の組織」があり、トップに「観光省 ministère」が置かれている。そして順に「地域圏（地方）組織」、「県組織」、「市町村組織」となっている（その組織体系は、たとえば日本の将来の道州制に対応し得るか、と思われる）。ざっと見ただけの印象だが、組織内容は複雑、緻密な様子から、観光大国と称賛されるフランスの熱意や知恵が感じられる。このガイドブックは、遍く知られる民間の、あのミシュランのガイドブックにも負けないくらい楽しそうだ。これからの旅に、重いけれども一応持って行く。

◆ **2日目**（8月27日金曜日、晴れ）
　——トゥビル

　午前中は先ず家の周辺の散歩から。T夫人の案内で、家の右隣の町役場を覗いてみる。前庭の草を若い男が刈っていた。夏休みでアルバイトをしている、と言う高校生だった。次は左隣の町のカトリックの教会。T夫人が合鍵を預かっていて質素な礼拝室へ案内される。他に人影はなかった。さらに道路と小

さな池を挟んで家の向かい側の大きな農家を訪ねる。

　広い敷地に大きな上屋があり、その中に収穫したばかりのジャガイモが積み上げられていた。そのジャガイモを若い男女5、6人が、一つ一つが人の体よりも大きな網の袋に器具を使って詰めこんでいた。途中、網が破れてジャガイモがこぼれだし、顔を赤らめながら慌てて片付けていた。夏休み中の学生アルバイトだと聞いた。側には長大な輸送トラックがジャガイモの積込みを待っていた。相当な労働だろうと同情する。そのトラックはイタリアに向かうとのこと。我々が今、目にしているのは、フランスの農産物がイタリアに輸出されようとする光景だが、欧州連合が成立しているので、域内の国境は道路でも鉄道でも無審査で通れるはず、と直ぐ頭に浮かんだ。

　次に我々は、G氏の運転で、シャルトル大聖堂を訪れるためシャルトルの町に出かけた。シャルトルは中世以来、キリスト教の巡礼の地として知られたところでもある。駅近くの駐車場から歩いて大聖堂に向かう途中、「シャルトル観光案内所」に行った。駅から歩いて5、6分だろうか、こじんまりした感じだが、役割は大変大きい。（G氏によれば、近年シャルトル地方では議会も行政も地域の観光開発に積極的とのことで、とくに「ボース平野の小麦街道」の歴史的光景の回復を重視しているようだ。例えば小麦の製粉に使われていた風車の復活とか、鍛冶職の仕事場の復元などの試みである。またこの地域にも歴史建造物があり、その維持費の負担のことで国との話合いが難航

しているようだ。この件はここの地方紙で取り上げられていて、G氏がその記事の切り抜きを日本に送ってくれたことがあった。)さて、ここでは葡萄畑が目的ではないので、それ以外の観光資料を探した。豊富な観光資源を紹介するパンフレットなどが入手できたが、とりわけ観光マップが興味深い。地図上に描かれる名所・観光スポットを表す図柄が楽しかった。後で何回も取り出して見ている。

　観光案内所を出ると、すぐ近い世界遺産の大聖堂を訪ねた。中に入ると荘厳な雰囲気。一番奥に祭壇が置かれ、全体が薄暗く、沢山の蝋燭の灯が揺らめく。観光客の姿が多い。周囲を飾るのは「シャルトルのブルー」として知られる有名なステンドグラスだ。そこには聖書の物語が神秘的に描かれている。パリ大学で社会科学を学び直す以前は、カトリックの聖職者であったG氏から、そこに描かれている聖書の物語の意味の説明を受けながら、ゆっくりと聖堂内を歩く。同行者たちも、この由緒ある大聖堂の見学の機会を得て感銘を受けた様子だった。大聖堂を出た後に、少しでも寄付をすればよかった、と後悔した。昼食の後、我々はあらためてボース平野を走り、刈り取りの終わった小麦畑、成育中のトウモロコシの畑等を眺め、写真に収めた。

　我々の今回の旅の目的を承知しているG氏は次に、私自身も全く知らなかった「ボース平野博物館」(Maison de La Beauce)＜写真3＞に案内してくれた。入場料を払って中に

<写真 3>

入った。ボース平野の農業の歴史を説明する農具、農業機械等、そのほか沢山の昔の農村生活を示す写真が展示されており、資料も入手できる。かなりゆっくり見たつもりだったが、まだまだ足りず、同行者の中にはまた来て調べてみたい気持ちが強くなった者もいた。こういう小さな、地方の博物館こそ観光を含めた地方の振興政策の大切な手段と思われた。同氏が次に案内してくれたのが、私は以前にも案内してもらったことのある「ボーブ」Voves と言う、この地方のあか抜けた小都会といった感じの町。郊外には大型スーパーがあり、安価なワインの(ポリ容器での)大胆な売り方に驚いた。食料品や日用品の市も立つ。鉄道が通り、郵便局もあり、感じの良い小さなレスト

ランやカフェもある。町の古い住宅地を歩いた。家々の裏側の、川幅が5、6メートルくらいのゆっくり流れる川に沿って各家の古そうな洗濯場が連なっていた。この町の、修復が終わったばかりの、古いが美しい教会は観光スポットのようだ。ボーブの町は、総じてまた来てみたい町だ。

◆ **3日目**（8月28日土曜日、晴れ、そして曇り）
　──アンジェ、ソーミュール、トゥール

　朝早く、T夫人をわずらわせて出発の準備。G氏の車で四度目、緑のボース平野を走り抜けシャルトル駅へ。急行列車で（自動車レースが有名な町）ル・マン Le Mans 駅乗り換え、11時少し前、アンジェ Angers 駅に到着。駅から歩いてアンジェの観光案内所に向かう。途中、町の中心部と思われる雰囲気だが、個性的で目を引かれる中世の古城が立っていて、ここの代表的な歴史的建造物であり、ワインと並んで有名だ。

　すぐに「アンジェ観光案内所」は見つかる。駅から遠いか近いか、立地は良いか等を確かめながら中に入る。案内所の中には、大きな、アンジュウ Anjou 地方（アンジェ市はその中心都市）のワイン産業地域の、カラーの詳しい地図が掛かっていて、すぐにそちらに目が走った。見るとやはり葡萄畑は広大な面積だ。この地方の葡萄畑の風景をみたかった。だが、聞いてみるとここから行くにはかなり遠く、時間が掛かりそうだ。（残念

ながら、ここは通過して、本日の次の目的地のソーミュール Saumur に行くことにしよう)。この案内所にも当然のことながら観光案内用のほか、アンジェ・ワインを宣伝する種々のパンフレットなど資料は用意されていた。宿泊施設利用の情報も得られる。ここを出ると、隣接する建物は「アンジュウ地方ワイン館」<写真4>になっている。単純な表現しかできないが、各種の「アンジェ・ワイン」のビンが並べられていて、試飲ができるカウンター、その他設備・容器類が整えられていた。残念ながら我々には、フランス文化を味わうこの機会を利用する余裕はない。間もなくここを出てアンジェ駅に引き返す。ソーミュールは近い。

<写真4>

2　葡萄畑のグランドツアー

　アンジェ駅 12 時 31 分発の電車に乗り、13 時 3 分、ソーミュール駅着。ソーミュールの観光案内所を目指して歩き始める。間もなくロワール川 La Loire に差し掛かる。目の前に広がる流域の光景は、我々がこれまでに見たことがないほどに美しく、多くの有名な歴史的建造物や広がる葡萄畑の風景と共に世界遺産に登録されている。川に架かる橋を二つ渡ると「ソーミュール観光案内所」＜写真 5＞がある。ここまでトランクを持ったまま歩いて 20 分ほどかかった。ロワール川の岸に沿う道路に面して立つこの案内所の建物は、世界遺産であることを反映してか、フランス随一の名所ロワール流域であることを反映してか、堂々として、かつ瀟洒という印象

＜写真 5＞

だ。他所と周囲の雰囲気も全然違う。見学する価値有り、だ。外から建物の外観の写真を撮り、立地状況を確かめ、それから近くの店のフランス風サンドウイッチで昼食の後、案内所の中に入る。先ず、職員から、最寄りの葡萄畑、「ソーミュール・ワイン」の葡萄畑の所在と行き方を教えてもらう。近くの広いバスの停車場に行き、地元らしき人にも尋ねて葡萄畑に行くバスに乗り、しばらく丘を登って道路脇のバス停で降りると直ぐに葡萄畑が見えた。畑の脇に「ソーミュール・シャンピニィ」Saumur Champigny の文字が書かれた標識が立っていた。シャンピニィ地区の葡萄畑の意味だ。今度の旅で最初に見る葡萄畑の風景＜写真6＞だ。我々のカメラの角度から見

＜写真6＞

た葡萄畑の景色は、広大なロワールの葡萄産業地域の限定的なほんの一部分なので、比較的こじんまりした印象だ。葡萄畑の向こう側の斜面を下るともうロワール川の様だった。説明は不要と思われるが、葡萄の木の一本一本は、他のどことも大体似たように、高さ1.5メートル前後くらいで刈り揃えられ、行燈のような形に剪定されて、それらが整列して並んでいる。我々には、前もって文献で学習してきた光景を思い出させるものだった。一部分でしかないが、シャンピニィの葡萄畑の風景を写真に収めてから帰りのバス停に向かった。

　午後4時、観光案内所に戻った。外見も良いが内部も整えられている様子。地域の観光やワインに関する資料がいろいろ揃っている。あれこれとパンフレット類を取捨選択する。隣室に通じる扉を開けると、そこは外からも入れる「ワイン・ミュージアム」。ソーミュール・ワインがいろいろ陳列されていて、選んで買うことができる。ワイン関連の資料や出版物の販売所もあった。葡萄畑については、ツーリズムだけでなく、学術的研究の対象としての観点もあるようだ。私は、興味深い一冊を見つけた。それは、（日本語に訳すと）「葡萄畑とワインの風景」と題されていた。それは、我々のツアーの前年、2003年8月にロワール地方のある有名な歴史建造物で開催された国際的会議の報告書であり、世界各国からの参加者の報告や論文、提言等が載っていて、タイトルからも推測されるように、我々のこのツアーの目的と一致するところがあった。少し高価だったが、

当然買うことにした。

　5時過ぎ、ソーミュール駅への帰り道は、観光案内所近くのバス停車場から出ている乗合バスを利用した。5時22分駅着。6時42分駅発の電車で次の目的地、トゥールToursに向かう。7時22分トゥール駅着。それから、フランスは夏のバカンス中なので、ホテル探しが難しい。9時になってやっと我々の条件に合うホテルが見つかる。部屋に入って荷物を置いた後、皆でトゥール駅に戻り、明日のボルドーBordeaux行きの、TGV（フランス新幹線）の切符を買う。ホテルに戻ってまた、これからもずっと続く列車時刻表調べ。

◆ **4日目**（8月29日日曜日、晴れ）
　──リブールヌ、サンテミリオン、ボルドー

　朝7時15分、ホテル・フロント集合、トゥール駅へ。売店（キオスク）は営業していた。7時55分発のTGV（新幹線）でボルドーへ向かう。ポワチエ、アングーレームを通り、ボルドー駅より一つ手前のリブールヌ駅で支線に乗り換え、我々の目的地の葡萄畑があるサンテミリオンSaint-Emilionの駅には12時に到着。（リブールヌ駅で下車し、駅前の公衆電話でタクシーを呼び、サンテミリオンの葡萄畑の中心部まで行く方法もある。）

　駅は、いわゆる無人駅だった。小さい駅舎には電話が無かっ

た。あれば外部と連絡を取る何らかの手段が見つかるのだが……。駅の外に出ると、広場には何も見当たらない。目の前には道路が一本、遠くに伸びているだけ。どうしようか、と話し合っていると、我々から少し離れた処に一台のワンボックスカーが向こうからやって来て止まった。中から旅行客が5、6人降りてきた。聞くと、サンテミリオンの葡萄畑から客を送ってきた、と言う。夏の間の無料の送迎サービスだった。渡りに舟、とはこのこと。ありがたくも我々は早速、重いカバンを持って車に乗り込んだ。客は我々4人だけだった。このサービスは、おそらく前もって観光案内所に問い合わせておけば、情報を得られたはず。今回は考えが及ばなかった。

　送迎車はしばらく走ると、間もなく遠くの丘の方に緑の葡萄畑が見える光景の中に入りこんだ。丘の広い裾野にはすでにいくつかの葡萄園が広がっていて、その中にはボルドー地方では「シャトー」(城)と呼ばれるワイン醸造所が瀟洒な姿を見せていて、走りながら案内板をみると有名なシャトーだった。車は小高い丘を上りはじめ、直ぐに昔からの建物が道路の両側に並ぶ上り坂を抜け、丘のほぼ中心部に到着。「サンテミリオン観光案内所」(当時は教会の中に仮住まいの仮店舗)の前だった。ここが、古代ローマ時代からの伝統を持つ葡萄畑と中世の建物群が「世界遺産」と認められた、「サンテミリオン」である。古い歴史の町、特別の町とはいえ、ここは普通の町であり、地方自治体なので、通常の市民生活が営まれている。市役所、図書館、

学校は当然あり、その他に観光客向けの様々な設備が用意されている。我々にはそれらを利用する余裕はなかった。

　少し「観光案内所」の中をのぞいた後、町を散策した。狭い込み入った道路や広場、観光スポットには観光客が沢山いて、賑わっていた。夏休み中の日曜日のことだ。丘の中心部のあちこちには車が駐車している。ほとんど日帰りの観光客のもので、丘の下の方からどんどん登って来る。町中の各種の商店は営業しており、アイスクリームもお菓子も売っているし、ここが発祥というあの有名な、日本でマコロンと言う'マカロン'も、製造・販売していた。私の若い同行者たちは、お祭りのような賑わいを感じていた。寄り道しなければ、1時間で回れるくらいの町中散歩だ。我々は昔から続く葡萄畑や中世の（今も使われている）中世の建物群の写真を撮った。丘の上の部分にも各所にきれいな葡萄畑はあり、丘を下ってその途中や遠くまで広がる裾野も葡萄畑だ＜写真7＞。（多分有料の）高い塔の上から広大なパノラマを眺望できる所があった。

　お昼時だったので、ここで一番有名な古い教会の下の敷地に開かれていたレストランで昼食にした。ボルドーは大西洋に面しているのでカキその他の海産物も豊富のようだ。我々は皆、値段の手頃なムール貝のスープとフランスパン、そして、今回の旅行でこの一回だけ、4人で一本の値段は手頃ながら待望のサンテミリオンのワインを注文した。勿論、ワインに大満足。値段は一本1000円ぐらい。名品なのにレストランでこの値段。

2 葡萄畑のグランドツアー

〈写真7〉

　フランスでは概ね、地元に行くと名産品も理屈に合う価格のようだ。食事の間、丘の下に見える建物群と遠くの葡萄畑＜写真8＞が眺められた。その後、さらに町を散策し、希望した者は、葡萄畑を一周する観光客用の小型の遊覧車があったので料金を払って乗り、身近に「世界遺産」の葡萄畑の風景を観察できた。後で知ったのだが、この遊覧車は、この町の肝いりの観光企画の一つだった。私は思った。日本の里山や棚田で水田風景を楽しめる遊覧車のサービスはどうだろうか、と。

　それから再び観光案内所に行った。帰りのバスの時間を確かめ、サンテミリオンの観光案内書、冊子やパンフレット類を入念に調べた。やはりここでもそれらは充実していた。写真入り

<写真8>

で文化遺産であるこの葡萄畑の歴史を簡潔に学べる冊子があった。写真も良かった。当然入手した。リブールヌ駅行きのバスが5時10分の発車とのこと。距離も近いバス停に向かう。まだ日も高い。沢山の人が集まっていた。年配者もいれば若者も賑やかにしゃべっている。米語の話し声が一番よく聞こえた。バスは5時30分、リブールヌ駅に到着。ボルドーに行く電車に乗り換え、6時50分にボルドー駅に戻った。そこからホテル探し。幸い苦労せずに、駅の近くに我々の予算で満足できるホテルが見つかった。ボルドーはフランス有数の大都会であっても、やはり地方は良い。パリと違う。ありがたかった。

2　葡萄畑のグランドツアー

◆ **5日目**（8月30日月曜日、晴れ）
　——アジャン、フルーランス、オーシュ、トゥールーズ

　ボルドー駅8時31分発の電車でアジャン Agen に向かう。アジャンは、フランス南西部では主要都市の一つで、農産物流通の中心地の役割を持つ。9時40分にアジャン駅着。同駅前から出るバスで本日の主目的地であるフルーランス Fleurance に行くため、しばらく待つ。我々の他にもトランクを持ってバスを待つ旅行客は少なくなかった。10時51分、バスは発車。11時41分、フルーランスの町の中心部に到着。バスに揺られている間に見た光景は長く記憶に残る、特筆に値するものと感じた。進行方向に向かって左側の窓から遠くに見える丘。その斜面は、緑、うす紫、黄色、ピンク色等の様々に区切られた畑。花畑と思う。野菜畑もあっただろうか。それがどこまでも続くように見え、実際フルーランスに着くまで続いた。フルーランスのフルールはフランス語で「花」の意味。フルーランスは '花の香りを発する町' の意味のようだ。思い返すと、同行者たちも同様の感想を持った綺麗な '花畑' の光景だった。

　町のレストランで昼食後、フルーランスの町役場を訪ねた。調べたいことがあったからだ。1970年代初めの頃、フランスの著名な薬草治療家がこの町の町長を務めていて、花の有機栽培により花市場を盛んにし、また有機飼料で牛を育て肉の市場価値を高める事に成功したこと。もう一つは、同市長がこの地

に多くの国々から代表者を集めて、世界初という国際的エコロジーの会議を開催し、成功させたこと。こういう情報を我々は得ていたので、当時の地元の新聞等の詳しい資料が欲しかった。我々が外国から来ているということのためか、女性の副町長が応対してくれた。町長は夏のバカンス中で不在とのこと。来意を告げたが、資料室の担当者なども夏休み中ということで我々の目的は達せられなかった。我々はそれ以上を求めて動き回る気はなかった。

　２時過ぎに「フルーランス観光案内所」＜写真9＞をもう一度訪ねた。夏休み中の正職員の代わりだという臨時職員の女性が昼食からもどっていた。先のあの薬草治療家の名前を冠した研

＜写真9＞

究所があるので行ってみないかと提案された。先方に電話で約束をしてくれたあと、往復のタクシーの手配も電話でしてくれたので、我々はトランクをもったまま研究所を訪ねた。所長が応対し色々説明してくれた。薬草を用いた化粧品その他を開発・製品化し、すでに会社を設立して営業活動を行っていた。活気を感じた。近く日本を訪れる予定とも言っていた。しばらくしてここを辞し、4時ごろ先の観光案内所に戻った。改めてこの地の観光資料を集めた。建物としては小さいけれども、ここも同じ様に町のトゥーリズムを宣伝する印刷物はしっかり用意されていた。翌日は南仏マルセイユ方面へ行く予定なので、今日中に主要駅のあるトゥールーズまで出ている必要があった。やはりここでタクシーを頼んでもらい、先ずは次のオーシュ Auch の町へ向かった。オーシュはこの地方の主要都市である。

　タクシーの運転手は40歳前くらいに見える女性で、通常は他の土地で暮らしているが、夏の間は故郷のこの町、フルーランスにもどってこの仕事をすると言っていた。やはりこの町には観光客が増えるのだろうか。30分ほどの間、町中から山道を通り抜けて、おそらく最短距離を選んで走りながら賑やかによくしゃべり、色々と土地の様子も話してくれたが、運転もかなり元気に、しかし頻繁に助手席の私の方を見ながらしゃべるので不安だった。しかし、彼女はこう言った。"私の運転は不安に見えるかも知れないけれど、一度も事故を起こしたことはない"と自慢していた。後部座席の同行者たちにはどう見えて

いただろうか。その間、すれ違う車はなかった。

　まだ日も高い午後4時50分にオーシュ駅に到着。駅前に大きな、あのデュマの名作「三銃士」の剣士たちの全身像が立っていた。そう言えば、ここはガスコーニュの英雄、あの「ダルタニアン」の故郷だ。像を見て、すぐにそう思った。次の目的地トゥールーズ行きの電車は4時53分発だった。あと3分。しかし切符の購入から電車への接近まで素早く行動でき、出発に間に合った。駅にほとんど乗客がいなかったから可能だったのかもしれない。同行者は、我々の"早業だった"、とも言っていた。トゥールーズ駅には6時35分に到着。今日はここに泊まる予定。しかしホテル探しは難航し、駅からかなり遠くまで歩き、やっと見つけた。夏のバカンス中で客が多かったのだろう。またトゥールーズはフランスの航空機産業の中心地なので、訪問者も多いはずだ。

◆ **6日目**（8月31日火曜日、晴れ）
　　──マルセイユ、バンドール

　トゥールーズ駅発10時51分の電車でマルセイユへ。途中ナルボンヌ、モンペリエなどを通り、午後2時50分にマルセイユ到着。直ぐにバンドール Bandol へ向かいたいのでコインロッカーを探して荷物を預け、ホームで3時45分発の電車を待つ。調べてみてバンドールは、マルセイユからトゥーロン

Toulon（軍港都市として知られる）に行く途中にあり、近かったので、着いたら観光案内所を訪ね、葡萄畑を見てからその日の内にマルセイユに戻るのは可能だろう。

　バンドールには4時30分に到着。駅前から緩い坂道を下ってしばらく歩いて港に出ると、直ぐに港の通りに面して「バンドール観光案内所」は見つかる。（私の見た限りでは、フランスの観光案内所は駅からしばらく歩いた所にあった。駅構内の案内所は鉄道の案内用だ。）南仏プロバンスの地中海に面したよく知られた保養地けれども、私には未知だったバンドールは、歩いてみた感じでは大きくない地方の町の印象であり、観光案内所も外見は控え目な感じだった。それにもかかわらず、ワインに自信を持ち、宣伝には力を入れているようで、気楽な服装の中年男性職員がいて魅力的なパンフレット類も用意されていた。地元のプロバンス・ワインの試飲も可能だった。ガラスのドアー越しに、波止場にヨットがズラリと並ぶ（日本の湘南のような）港の光景の見える所でワインの試飲というのもあまり感じが出ないけれども、しかし、'海と葡萄畑のはざまのバンドール'という歌い文句がパンフレットを見ると書いてあったので、何となく納得させられた＜写真10＞。毎年、「ミレジム」Millésimesというお祭りがあり、バンドール・ワインの愛好者が集まるとのこと。写真を見ると、若い人たちも大きなワイン樽を囲んで楽しそうにグラスを傾けている。我々は観光資料と地元葡萄畑の情報をもらい、間もなくここを辞し、バン

<写真10>

ドール駅に戻った。

　駅前の小さな広場でタクシーに乗り、葡萄畑へ向かった。しばらく丘を登ると広大な葡萄畑が眼前に広がった＜写真11＞。正に南仏プロバンスの葡萄畑のイメージだ。サンテミリオンとは違う単調な風景だが、空は青く、強い日差しの下で静かに緑の葡萄が育っている感じが強くする。この畑の向こうにも丘が連なっていて、一面に葡萄畑の緑が、そしてその中に、いかにもプロバンスらしい色の建物と屋根の集落が見えた。飛んで行ってみたいと思わせる、丘の上の村の佇まいだ。

　ここでしばらく写真の撮影をした後、待たせておいた同じタクシーで丘を下りバンドールの駅へ向かう。道すがらこの年配

2 葡萄畑のグランドツアー

〈写真11〉

の男性運転手にこの町の事を尋ねてみた。一番重要な経済活動は何と言ってもツーリズムとのこと。産業としてはマルセイユ周辺の石油産業（TOTAL社の名が見えた）があり、農業ではワイン。赤、ロゼ、白があるが、主力は赤だそうだ。さらにオリーブ栽培とオリーブオイルの生産が盛んであり、野菜生産にも力を入れているとのこと。また、以前は船の建造が盛んだったが、いまでは船修理が主だとのこと。気候としては雨が少ないとか、気候が良い、また住人の17パーセントはセカンドハウス住まいだという話もしてくれた。有意義な話を聞かせてもらいながら、我々はバンドール駅に戻った。人影はなく、電車を待つホームには我々4人の他に、リュックを背負った小柄

なアメリカの女子大生らしき一人の旅客がいるだけだった。時刻はもう夕方になっていた。思い返せば、この日の運転手さんの話は大変興味深く、普段から勉強しているのだろうか。これも大切な観光サービスなのだろうと、一つのお手本のように感じた次第である。

　マルセイユに戻り、駅前にホテルを見つけられたのでここに泊まる。思えば、昨日今日と随分長い距離を電車で移動した。天気にも恵まれた。

◆ 7日目（9月1日水曜日、晴れ）
　　──マルセイユ、ビエンヌ

　今日の予定は、マルセイユから電車でリヨン方面に向かい、途中アルル、アビニョンを通過してフランス東南部のワイン産地、ビエンヌ Vienne に行く。

　朝ゆっくりホテルを出て、通りを少し下ってマルセイユ港に行き、屋台で魚を売る有名な朝市の光景を見る。時間としては遅かったためか、魚も売れ、客も減り始めているようだった。こんな大都会の港の沖合でその日に獲れ、水揚げされた豊富な魚を買って料理をする生活ができる地元の人たちの様子が羨ましく思われ、しばらく見物した。近くに大きな建物の「マルセイユ観光案内所」があった。位置を確かめ、その写真を撮ったが、中を調べることなくマルセイユ駅に向かった。

2　葡萄畑のグランドツアー

　11時24分発の電車に乗る。プロバンスの碧空の下、進行方向左側に、その昔、ローマ軍の船隊が遡っていったというローヌ川のゆったりとした流れを見ながら、アルルを経てアビニョンを過ぎた頃から車窓の右側になだらかに続く丘が視界に入った。見れば丘の裾から天辺までテラス状の葡萄畑。これが有名な「エルミタージュの段々畑」<写真12>だ。電車のスピードが出ており、うっかり見落とすところだった。私が声をかけて同行者が素早く写真を撮った。電車から少し距離はあったが、よく見えた。裾野に見える葡萄畑に囲まれた様子の建物はやはりプロバンス風のオレンジ色。そしてここでは、味も色も濃い、重厚ながらまろやかな味わいの赤ワインを生産しているはずだ。

<写真12>

今回は寄れなかったが、次はガイドブックで調べてこの地の葡萄畑のトゥーリズムの様子を見に来たいと思った。

　今日の移動の目的地はビエンヌ Vienne。近くには主要都市のグルノーブルがある。この辺一帯はフランス東南部の有名な葡萄畑、ワイン産地が競い合っている感のあるところだ。電車はビエンヌ駅に 2 時 20 分到着。先ず「ビエンヌ観光案内所」＜写真 13＞を探し、訪ねる。お洒落な感じの建物。中で多くの観光資料が入手できる。ここもやはり魅力的な観光資源の豊富さを感じさせられる。職員に葡萄畑について尋ねた。ラッキーなことに、この案内所の別室で「ワイン講習会」が間もなく開かれると聞いたので、覗いてみようと中に入った。20 名く

〈写真 13.〉

らいのフランス人の観光客が講師から、ビエンヌ産のワインの特徴や飲み方等の説明を聞き、また活発に質問をしていた。その後に試飲が始まる。幾つものテーブルに色々のワインのビンと、沢山のワイングラスが並べられ、職員たちによって色々のワインが注がれ、お客さんたちが元気に色々しゃべりながらワインを楽しむ。我々も飛び入りだけれどもワインを勧められ、折角の機会だからと、フランス文化を味わった。葡萄畑を見に行く前にワインを味わってしまった。

　その後、参加者たちは三々五々、連れ立って、講師の案内に従い、少し歩いて近くの「ワイン博物館」に向かった。我々も後に続いた。博物館の建物は由緒ありそうで、中に入るとそこはもう石の壁の様子からして中世よりも古い感じ。講師からこの地のワインの歴史の説明があった。確かに、知られているごとく古代ローマによる征服以前のガリアの時代からワインが造られていた歴史を感じさせる雰囲気だ。目立つ所に白い大理石のワインの守護(女)神の立像が置かれ、壁には古代に使われていた、様々な形の興味を魅かれるワイン壺＜写真14＞が掛けられている。底が尖っているのは、壺を主に土に埋めて保存していたためであり、船による輸送の時には壺を立てたまま整頓されて移動したらしい。（G氏宅の庭にはこのような壺が一個、庭の雰囲気作りのために置かれている。それはG氏がトルコ在勤中、地中海沿岸部を車で通行中、道路沿いの土産売り屋で見つけて買ってきたもので、土地の漁師の網に偶然かかって海

〈写真14〉

底から引き上げられた古代のワイン壺とのこと。)その他にワインの歴史に関わる様々な陳列品を見る。博物館見学を終えた後、フランス人観光客のグループは流れ解散のようにして別の所に移動していった。こうして我々は、「葡萄畑のツーリズム」におけるその土地の「観光案内所」の観光政策の興味深い一例を見せてもらった後、観光案内所に引き返した。

　改めて観光案内所で職員から葡萄畑への行き方を尋ね、やはり車でないと行けないと言うのでタクシー会社に電話してもらった。我々はタクシーで町中を離れた後、丘と言うよりも少し高い山の方へ向かった。近づいてみると山はけっこう高く、若い運転手は我々に行き先の葡萄畑について説明しながら山道

2 葡萄畑のグランドツアー

を上っていく。運転手は職業柄、土地の主産業について学んでいるのか、あるいは土地の人の一般的教養なのか、よく説明してくれた。

さて山道を進む車の右側は低めの崖。それが、所々、石垣で補強されており、そこに葡萄畑が広く開かれている＜写真15＞。こんな高い所でも葡萄を栽培している。多分、水捌けが良いからなのだろうと思った。翻って山道の左側を見れば、眼下に山肌と谷間に展開する様々な葡萄畑＜写真16＞が見える。眺めとして変化があり、ダイナミックな光景だ。やはり、ここも広大な歴史ある葡萄産業地域であり、もし、我々が山を下って谷間、平地に入っていけるならば、もっと生の葡萄畑の実感が得られるだろうが……。

同じタクシーで山を下り、観光案内所まで戻った。ここでホテルの紹介を受け、予約してもらった。ホテルは、ビエンヌ駅

＜写真15＞

＜写真16＞

からかなり離れていて、乗合バスを利用した。ホテルはビエンヌ市郊外の長閑なところにあった。しかし、様々な出で立ちの泊り客が動き回っていて割に賑やかだった。この日の夕食は、ホテル近くのスーパーで買い込んだ食料だ。スーパーの女性キャッシャーは、我々が買い物を終えるまで待っていてくれて、我々が店を出た後、店を閉め始めた。

　この夜、久しぶりに食べたいものが食べられたようで、若い同行者たちは楽しそうだった。今日も一日、無事にスケジュールをこなし、明日はロアンヌに行く。

◆ 8日目（9月2日木曜日、晴れ）
　――ビエンヌ、リヨン、ロアンヌ、マコン

　朝、ホテルを出て、簡素なバス停留所でバスが来るのを待ち、7時30分発のビエンヌ駅行きに乗車する。駅着は7時50分。ビエンヌ駅8時16分発のリヨン方面行きの電車に乗り、8時35分、リヨン・パールデュー駅に到着（リヨンにはリヨン・ペラッシュ駅もあるので注意）。ここから西に向かう電車で今日の目的地ロアンヌ Roanne に行く。ロアンヌは地理的にフランスの中心部に位置するワイン産業の町だ。

　ロアンヌ駅には10時25分に到着。駅前の案内版を見て観光案内所を探す。駅からは離れているようだが、それほど遠くではなさそうだ。道路沿いをしばらく歩いて目的の「ロアンヌ

2　葡萄畑のグランドツアー

地方観光案内所」＜写真 17＞に着く。駐車場は広く取ってあり、建物も広い感じ。扉を開けて、荷物を引きずりながらいつものように 4 人でぞろぞろと中に入り、応対に出た男性職員に来意を伝える。職員氏は色々のワイン関連の印刷物資料と、それから一巻の観光宣伝用のビデオテープを出してきてくれた。このようなことは今回の旅で初めてだった。ビデオテープのタイトルは"観光のロアンヌ地方"というもので、表紙の写真は、湖に面した田舎の村の快適そうな風情を示している。豊富な郷土料理もあるようだ。それらの資料はロアンヌ地方の観光振興の意欲を示すものであり、費用を掛けて観光・サービス産業を宣伝するこの地の人々の心意気を感じさせる。

＜写真 17＞

観光案内所の先の職員氏に聞くと、葡萄畑へは車で行くのが便利、ということでタクシー呼んでもらった。若い運転手が我々を案内した。丘へ行く道を巡り、上りながら、我々は周囲の葡萄畑を眺望した。葡萄畑はやはり広い。見晴の良い所から遠景を眺めると、段差の高低差は余りないようだが、見渡す限りの葡萄畑の風景＜写真18＞が広がり、その中に作業用か住宅用か、建物が点在する。運転手が色々説明してくれる。普通のワイン用葡萄の他に、原生の葡萄が成育している所があるとのこと。我々は希望して案内してもらった。近くまで行ってそれをみたところ、葡萄の粒は、今の物と同じように小さ目で、紫色だった。勿論、この葡萄は前述のフィロキセラ以前の

＜写真18＞

2 葡萄畑のグランドツアー

葡萄だ。これも貴重な、小さな観光資源かも知れない。今日の我々のスケジュールは、広いワイン生産地域に対して十分でなく、身近に葡萄畑を知ることはできなかった。

ロアンヌ駅への帰り道、この地方特産の「白い牛」<写真19>を育てている所がある、という。運転手の勧めがあって案内してもらった。牧場の直ぐ前まで行って車が止まると、間近な所に10頭ほどの白い毛の牛がゆったりと放牧されていた。これらの牛は、この地方特産のシャロレー種の若い牛だ。私は何度か、毎年冬にパリで開催されるフランス最大の農業祭、「パリ国際農業サロン」の会場で、出品されたこの牛の見事な成

<写真19>

牛を見たことがあった。この日、私は思いがけずにフランスでも有数の、成育中のシャロレー牛を見る機会を得られた思いだった。私はフランスの畜産業に詳しい訳ではないが、フランスは昔から知られるように畜産業を尊重していて、中でも牛は、様々な農業コンクールで圧倒的な主役のようだ。パリ国際農業サロンではそれがはっきりしている。

　さて一方、白い牛が草を食む牧草地の背後には、やはりワイン生産地らしく葡萄畑が見られた。その遥か後ろには低い山の峰々が水平に連なっていた。そこにも葡萄畑は開かれているのだろうか。はっきりは見えなかった。

　同じタクシーでロアンヌ駅に戻った。今日の旅のスケジュールは順調に進んでおり、まだ午後の1時過ぎだった。これからマコン Mâcon に向かう。マコンはフランス中部のワインの主要産地の一つだ。我々は、ロアンヌ駅13時40分発の電車でリヨンまで行き、ここで15時15分発のマコン行きの電車に乗り換える。途中のある駅で下車して寄り道をしたのでここで次の電車を待ち、マコン駅に着いたのは16時を過ぎていた。それから、いつものようにホテルを探して歩く。なかなか苦労をしたが、駅から北の方向にしばらく歩いた所に我々の条件に合ったホテルを見つけることができた。今夜はここに宿泊。

2　葡萄畑のグランドツアー

◆ **9日目**（9月3日金曜日、晴れ）
　——マコン、ディジョン。

　朝、ホテルのロビィで皆が揃うのを待つ間、受付にいるご主人と話す。今回の旅のスケジュールを話すと、"グランドツアーですね" と言われた。思いがけない言葉だったが、考えてみて、そうか、と思った。

　9時にホテルを出発、観光案内所を探す。歩いて、昨日着いたマコンの駅前を通り過ぎ、少し道路を下って最初に出会ったのは、「サンディカ・ディニシアチブ」という名前の観光案内所＜写真20＞だった。フランスにはこういう例は珍しくなく、他の町にもある。

　先ず入ってみたマコン市内のサンディカ・ディニシアチブという観光案内所では、マコン地方の葡萄畑が、我々にもよく知

＜写真20＞

られるボージョレーの葡萄畑と隣接していることから、両者の葡萄畑とワインの資料が整列して並べられていた。ボージョレーの葡萄畑の方は、アクセスが難しいと聞いていたので行かず、資料だけもらうことにした。ボージョレーは、ワイン産業として目覚ましい成功を収めていることが知られているが、それは観光政策というより販売政策の成功例と言われる。この観光案内所では、そういうことを反映してか、観光客の出入りが多く、賑やかな雰囲気だ。資料のパンフレット等も費用の掛ったらしい立派なものがあり、その写真はマコン・ボージョレーという隣接する二つの葡萄畑の、紅葉し、歴史を重ねた実に美しい風景を写したものだった。

　色々と納得しながらここを出ると、直ぐに「マコン地方観光案内所」<写真21>があった。こちらは、これまで通りの「オ

<写真21>

フィス・ド・ツーリズム」だ。外観は前のより地味な感じだが、中では同様に観光客が出入りし、マコンとボージョレー両葡萄畑やワインの観光資料も豊富に整理されて並べられ、土地の絵葉書、その他の様々な土産グッズも展示され、客を待っていた。それらを一通り観察した後、職員からマコンの葡萄畑の場所を尋ね、行き方を教えてもらう。それに従って、マコン駅に戻り、タクシーを利用して葡萄畑に向かった。駅からはかなり離れていた。葡萄畑は広大なので、見られる範囲は、いつものごとく限られる。我々が行ったのは、「シャントレー」という地区の葡萄畑。やはり太陽の強い光の下で葡萄は、静かに根を張り育っている、いつもの葡萄畑の風景だ。

　我々は本日の次の目的を急いだ。間もなく同じタクシーでマコン駅に戻った。次の目的地は、マコンから少し北上した東部の主要都市のディジョン Dijon。12 時 24 分発の電車でマコンを立ち、13 時 30 分にディジョン駅着。駅のコインロッカーに荷物を預け、観光案内所を目指す。15 分ほど歩いて「ディジョン観光案内所」<写真 22>に着く。ここはブルゴーニュワインの中心地、観光地として知られているので、さすがにオフィスの建物も広く、カラフルな女性職員の姿が目立つ。相談のためカウンターの前に並ぶ旅装の外国人ツーリストの姿も多く、我々はしばらく順番を待つ。先ずホテルの予約を頼んだ。それから葡萄畑への行き方を聞いた。葡萄畑に行くバスの乗り場は案内所の裏手にあるというので、そこから、我々は「ジュ

＜写真22＞

ブレィ・シャンベルタン」という名前の村行きのバスに乗った。ここのワインは名品として知られている。

　ジュブレィ・シャンベルタン村のバス停で降りて、葡萄畑を歩く。畑の区画は人の生活圏に近く、視界に入りやすい感じ。気品のある雰囲気だった。葡萄畑は十分に人手が入っているように見えた＜写真23＞。その一角に「レ・グラン・クリュ」(特級ワイン)という名前のホテルが立っていた。泊まってみたい、と同行者は感想を述べていた。十分に散策し、写真を撮り、それから広い葡萄畑に囲まれたこの村の生活空間の中に入ってみた。村は建物も多くて、意外に広く、観光の村らしかった。何本も走る通りに沿って、何軒も醸造元があり、「小売り」の看板も下がっている。村の中心部あたりの明るい場所に村役場の建

2　葡萄畑のグランドツアー

〈写真 23〉

物があり、その向かって右隣に小さなこの村の「観光案内所」〈写真 24〉を見つけた。ガラス張りの戸を開けて明るい感じのする中に入ると、当然のことながら「シャンベルタン・ワイン」の宣伝資料が豊富で、観光絵葉書が売られていた。意外にも充実したワインの村というか、田舎町の佇まいの中を十分に味わいながら歩くことが出来た。途中、一軒の村のカフェに立ち寄り、皆で、ビールをサイダーで割ったパナシェという飲み物を飲んで一休みしてからバス停に戻り、16 時 15 分発のバスでディジョン観光案内所裏のバス停に到着。そこからまた歩いてディジョン駅に行き、コインロッカーから荷物を取り出した時には 17 時になっていた。それから今夜泊まるホテルへ徒歩で

〈写真 24〉

向かう。町の大通りは、恒例らしい夏祭りの真っ最中で、町の人やツーリストで賑わっていた。

◆ **10 日目**（9月4日土曜日、晴れ）
　──ブザンソン、アルボア、パリ

　今日は、パリに戻る日。スケジュールが詰まって来た感じがする。朝、宿泊したホテル近くのバス停からバスに乗ってディジョン駅に着き、9時35分発の電車で少し東に下って、ブザンソン Besançon へ向かう。10時35分にブザンソン駅に到着。2時間待ってローカル線で目的地のアルボア Arbois へ出

発、13 時 22 分にアルボア駅着。アルボアはジュラ地方の最も有名なワイン産地として知られる。ここは、19 世紀半ばのフランスの偉人、科学者パスツールの故郷だ。パスツールはこの地元に住んでワインの発酵等の研究をしてワインの発展にも貢献した人であり、このアルボアには「パスツール記念館」がある。

　我々はこの日のうちに遠いパリまで戻る予定なので、時間的余裕がない。電車の便が少ないこの地では、適切な帰りのアルボア発の便は、14 時 48 分だった。今の時間からは 1 時間余りしか滞在はできない。気持ちが急いだ。当地について情報は持っていなかった。とにかく駅から町の方向に歩いて行くと、正面に高速道路が走っているのが見えた。その向こう側の、あまり離れていない所に「葡萄園ホテル」の看板が見えた。その背後の低い山々の斜面には葡萄畑の広がっている光景が眺望できた。今いる所からさらに周辺を歩くと、ワインの醸造元の建物があり、「試飲出来ます」の看板が出ていた。試飲する余裕はなかった。肝心のアルボアの観光案内所の場所についてはよく分からなかったので、ガイドブックで番号を探し電話をしてみた。応対に出た職員氏に尋ねたところ、15 分くらいで行けるらしかった。同行者の一人が執念を燃やして電車の時間を気にしながら走って探しに出かけた。戻っての報告によると、観光案内所を見つけ、ワイン関連の資料は整っていることを確認し、パスツール記念館にも寄って資料をもらった。大事なことはアルボアにはもうひとつの鉄道駅があり、こちらの方が主要駅とい

うことだった。こうした努力にもかかわらず、身近に葡萄畑を眺める機会が得られず、観光案内所の働き、役割を直接に見ることができなかった。後はアルボア駅への道をトランクを引っ張りながら、歩いて引き返すばかりだった。駅には無事に戻り、14時48分発のローカル電車に乗ることが出来た。幸いにも、出発後間もなく、車窓から葡萄畑とそれに囲まれた数軒の農家らしき建物とホテルのある風景＜写真25＞を写真に収めることができた。

　アルボアからブザンソン、ディジョンに来て、ここでTGV（特急列車）に乗り換え、パリのリヨン駅に着いたのは19時だった。その間、乗継が難しく、ずいぶん緊張させられる場面

＜写真25＞

があった。休む間もなく、リヨン駅から地下鉄でサン・ミッシェル駅に来て、外に出てみると、カルチェ・ラタンは観光客が一杯だった。今まで見たことのない光景だ。ホテル探しも難儀した。以前パリに来た時に泊まったことのある、パリ南部のモンパルナスのホテルを思いだし、やっと連絡がつき、それから地下鉄を乗り換えしながら、目的のホテルに到着したのが23時だった。まだ夕食は取っていなかった。今回のツアーで一番難儀し、緊張した一日だった。

◆ 11 ～ 13日目（9月5日日曜日～7日火曜日、晴れ続き）
——パリ

昨日で葡萄畑ツアーの予定は一応終了した。後は帰国予定日の9月7日まで、地下鉄モンパルナス駅近くでホテルを変えながら、パリでそれぞれに過ごすこととした。

その間に、私と希望者は、フランス国立図書館（旧パリ国立図書館）、前述のポワシィ市立図書館、ポワシィ市観光案内所、パリ市内の書店等に出かけた。しかし、これらについては、夏休み中のためか、開館あるいは営業日が影響を受けていた。9月5日は国立図書館が臨時休館だった。我々の他に何人もの人たちが入口の門の前でがっかりした表情でたたずんでいた。そんなわけで、思いがけなく空いた時間が出来た。それでこの日は急きょ、予定になかった近間のシャンパーニュ Champagne

地方の葡萄畑に行ってみることにした。目的地は、発泡ワイン、シャンパーニュの主産地のエペルネイ Epernay。

　パリ・東駅から電車に乗り、1時間と10分ほどでエペルネイ駅に到着したのだが、実はそれまでの間が我々には大事だった。パリを出ると、間もなく電車の両側の窓からシャンパーニュ(地方名)の葡萄畑が見えてきた。両側に見える低い山並みの斜面には葡萄畑が見事に展開している。私は30年以上前の留学生だった頃に、やはり、同じこの電車の窓から数回見た経験があるが、その時はただ眺めていただけだった。しかし、今は違う。葡萄畑とその風景は、歴史文化遺産の観点から評価されるのだと、心を新たにして眺めた。

　エペルネイ駅で下車し、観光案内所を駅の案内図で調べ、少し歩いて案内所に行く。中に入って同行者が盛んに資料を集めた。駅の周囲の駐車場には2台の観光バスが客を乗せて来ていた。多くの人が、大規模で近代的な設備を備えた醸造所を見学し、シャンパーニュ(シャンペン)を買っていく。しばらく町を歩いてみた。シャンパーニュの醸造所や関連の建物が並ぶ通りの様子は、これまでになかったような洗練された雰囲気だった。ここはフランスの葡萄畑のツーリズムとして、周知のごとく、ワインの歴史の観点から見ても、独特の展開を見せているケースだろう。我々はここに2時間以上滞在し、午後5時近くの電車でエペルネイを離れた。旅の計画には入れてなかったため、シャンパーニュの葡萄畑の風景を直接見に行くことはで

きなかった。しかし、帰りの電車の中で、来た時と同じ葡萄畑の遠景を逆方向からゆっくり眺めながらパリに戻った。

　12日目、9月6日の月曜日は、ポワシィ市立図書館が休館だった。その後、パリに戻って市内の学生街にある2、3の書店で必要な本を探して回った。もう一つ、パリの中心部にあるパリ市役所の近くの、バザールというデパートに寄った。ここには数年前に来た。地階に道具売り場があり、ワインを造るための道具、器具を売っていて、日本では見たことが無く、興味を魅かれたからだ。葡萄を搾る道具、搾った葡萄液を入れる容器、大小さまざまのワイン容器等、自家製ワインを造るのに必要なものが沢山売られている。誰でも自由にワイン造りができる様子が感じられ、国の伝統文化が人々の手にあることが実感された。フランス・ワインの品質に対する高い評価には、こういう背景があるのだろう、と想像させられたものだった。
　この日はデパートに長居はせず、ホテルに戻った。

　13日目、帰国の日の9月7日火曜日は、午前、今回の旅の最後に、パリにあるモンマルトルの葡萄畑を見に行くことができた。その場所はパリの北部、地下鉄モンマルトル駅からしばらく丘の上の方に歩き、住宅などの建物に囲まれた一角にあった。やはりモンマルトルの丘の、朝の光が良く当たりそうな東の斜面の、金網で囲まれた葡萄畑。かつてパリ地方がワインを

産していた歴史の名残を留める葡萄畑だ＜写真26＞。今でもここの葡萄を収穫してワインをつくり、収穫祭を続けていることはよく知られているようだ。葡萄畑の近くに入場無料の小さなミュゼ(モンマルトルの博物館)があった。我々は、中に入って見学する暇はなかった。間もなく、モンマルトル駅から地下鉄を利用してモンパルナス駅近くのホテルに戻り荷物を受け取った後、ドゴール空港行きの直行バスに乗るため、歩いてバス乗り場に向かった。

　我々の帰国の後、ワイン産地は静かな風景を一変させるだろ

＜写真26＞

う。緑一面だった所が紅葉に変わっていく畑で、摘み取りの季節労働者も加わり、葡萄の果実の収穫作業が始まる。やがてワインの新酒ができ、観光客の他にこの時期の主役、ワイン取引業者が集まって商談が行われる賑やかな季節を迎える。普通には、この季節に行った方がワイン祭りもあり、葡萄畑は楽しかっただろう。我々の場合は違っていた。青空と太陽の下、静かに葡萄が成育しているのを見て、そこに何が起こっているのか、次に何が起こるのかを、目には見えなくても感じ取ることが、我々には大事なことだった。18世紀フランスの重農主義者のように、そこに"真の富が創られる"のだ、と見通すところまではいかなくても、そのようなインスピレーションを感じられればそれで十分だった。そのことが、次の何かに繋がっていくだろう、と思うからだ。

3 アジア的「田園のツーリズム」に向けて

◯ 「水田のツーリズム」について

　フランスで「葡萄畑のツーリズム」を見学して来た。行きたいと思う葡萄畑を見に行くのに、最寄りの観光案内所でもらうアドバイスは、我々にとり大変ありがたかった。それがあって、グランドツアーは可能だった。

　旅の後、時期至るまで何年も経ってから葡萄畑のツアーを回想した。そうする過程で、これまで特段に意味を考えなかった「ツーリズム」という言葉の背後にある意味に自分なりに気付いたことがある。それは、ツーリズムの基本の一つは、地域の再発見、再開発、地域の活性化にあるのだろう、ということだ。そのために当該地域の人々が創意工夫を凝らし、内外の観光客に提供する商品やサービスを創り出す。それらを求めて訪れたい、そして訪れる旅客の都合を考え自らの所在地を示し、資料

を提供し、案内するのが観光案内所の役割だ。ここに至って、旅客は観光客となる。先に「サンディカ　ディニシアチブ」の事を書いた。実は、このフランス語の意味は、率先し創意工夫をする人々の組合、ということだ。この言葉は、ツーリズムとか観光の背後にいる(供給者側の)人々の生の姿を浮かび上がらせる。

　さて、ツーリズムの言葉の意味についての恣意的な説明は終わりにして、話を葡萄畑のことに戻そう。

　旅の中で折に触れ、私は、伝統文化、歴史遺産だというフランスの葡萄畑とその風景に相当するものは、日本では何だろうか、と考えた。しかし、特に考える必要もなかった。すなわち、それは水田稲作、水田風景に当たる。これらについての自然な疑問、東洋と西洋の違いは何だろうか？　外見だろうか、あるいはその背後にある人々の考え方や行為だろうか、あるいは、フランスの葡萄畑とワインの土地柄の特性に関して言われる、テロワール Terroir(風土)だろうか？　以前、パリのホテルでのことだが、テレビの画面に、栃木県の地方のある町で開催された競輪の国際大会で薄緑の水田風景を背景に、まるでツール・ド・フランスのようなカラフルなコスチュームを着た欧米の選手たちが走る姿を見て、それに対し、不思議に調和した新鮮な感じを持ったことがあった。それが後々まで残っていた。それが、水田のツーリズムのイメージが湧いてくるのに弾みになったと思う。

3 アジア的「田園のツーリズム」に向けて

　フランスの葡萄畑と日本の水田との間には、ツーリズムの観点では、意識の面でも発展段階の違いがあり、今の段階での比較は時期尚早だが、日本の水田についてよく知られる、その治水機能や風景美を生かし、観光資源として育てられたら、と思う。これも今回の旅の後にはっきりしてきた感想の一つだ。目を外に向けてみると、農業に関わる国の伝統文化、伝統産業をツーリズムに結び付けているケースはある。例えば、知る人は多くないかも知れないが、コメの国タイの（多分）チェンマイには、水田風景の中にホテルが建てられており、紅茶の国スリランカには紅茶畑の中に、ホテルと製茶工場が併設されている例がある。先進的なツーリズムの取り組みとして、参考になると思われる。

　前にも述べたが、「パリ国際農業サロン」にここでもう一度触れておきたい。これは大規模かつ詳細な農業展だ。農業についてほとんどすべてのシーン・場面が分かりやすく展示されているようだ。私は、農業とかツーリズムについて専門家のように断言はできないが、何回か訪れてみて感じさせられるのは、今日、農業の入り口は食糧生産で、その出口はツーリズムなのではないかということだ。主催者としての国の意図はまた他にあるにしても、そう思わざるを得ないほど、各地方毎に農産物の販売と宿泊・観光客の誘致のための宣伝やコマーシャルに力を入れていることが、出品・出店側の意図として感じられる。そしてそのことは、農業が地球温暖化の抑止に繋がっていくので

は、と我々に容易に予期させるものがある。

◯ アジア的田園産業という考え

　今日、人々は十分に承知している。工業化の進展の結果としての地球の温暖化により、世界の各地でこれまでになく大きな災害が起こっていることを。多くの人々は、そのことを疑っていない。実際、どんな災害が起こっているのか、知るほどに将来への不安が生まれる。先進工業国を中心にその原因とされる二酸化炭素、すなわち温室効果ガスの排出を削減しようとする意図が強まっていることは確かだ。しかし、これから自分たちも工業化したい、経済を成長させたいと望む国々もある。ここに対立した主張が生まれる、と言う。

　このような状況の中で、我々の周囲の環境はどうなるだろうか。例えば、まだ余裕があるように見えるベトナムやカンボジアやタイ等のある、インドシナ半島はどうだろうか？そこでは一部の国が、程度の差はあれ、工業化を目指し海外からの投資をも呼び込む政策を始めている。他の国も後に続きたいだろう。この地域の国々が、自然資源を消費する重化学工業化を目指すことはもうないのだろうか。資源消費型の工業化でなくても、国を近代化し、都市化を進めていこうとすれば、石炭や石油などの化石燃料や電力の消費を増やし、温室効果ガスの発生

を招く、という。しかしながら、国民の生活を豊かにするためには工業を発展させるのが一番、と信じられており、その通りだろうと思う。そういうことから生ずると心配されることに対し、何か対策を、あるいは何か将来の備えを、と考えて、我々の間で絞り出されてきたのが、新しい言葉ではないが、我々の展望する「田園産業」である。それは農業生産の諸過程にツーリズム（観光）を取り入れたものであり、したがって「田園産業」は、「田園のツーリズム」と言ってもよい。大事なことは、農業とツーリズムの展開だと思っている。

　さて、この「田園産業」というのは、インドシナ半島に限らず、アジアの水田稲作国あるいは地域が、（例えば、工業化と言っても、加工産業や組み立て産業に特化するなどして）地球温暖化ガスの排出を削減しながら国の経済を発展させ、国民の所得と雇用機会を増やす方策として、我々が望むものだ。我々の言う田園産業の考え方は、工業化を原理的に否定するものでは当然ない。その要点は、一国のGDP（国内総生産）に占める田園産業の割合を工業に対し、（はっきりとした基準を今は決められないので）できるだけ高めていくこととし、それを目標とする。この言葉は、時と場合に応じて「田園産業主義」あるいは「田園産業立国主義」という用語に代えて使おう、と我々は考えている。

　ところで、「田園産業」なり、「田園のツーリズム」なり、このような用語を使う時、その根本となる実体、あるいは、その基

本要素は何か、を問う意見が、我々の間にあった。それは、農作物・食料の生産だ、ということで簡単に話は収まった。それはその通り、と私も同意。拡大して言うならば、コメとか麦とか大豆といった種々の農作物を利用した食品工業や醸造産業による食料品の生産と供給をも含める、と考える。その時、私は言葉を繋いで言った。それは誰でも知っている、「レジスタンス」という言葉の意味についてだった。その意味は、簡単に言えば、ある国、ある地域において時代が変わっても長く、引き続き維持されている食生活、食生活様式ということだ。この言葉を普通に聞けば「抵抗」であり、第二次大戦中のフランスの対独レジスタンス運動を想う。しかし、ここで私の紹介したいレジスタンスの意味は、長く変わらない伝統的な食生活の意味だ。私がこの言葉の意味する思いがけない説明を見たのは、1972年11月下旬から赤道に近い西アフリカに2週間滞在した時のことだ。ダオメーという国（いまはベナン）のコトヌー Cotonou という、首都ではないが国際空港などもある主要な都市で、町の探索中に通りかかったこの国の観光省 Ministère（今でもはっきりと建物の外観を記憶している）が刊行している、国の観光資料の中に上の説明が書いてあった。この国の公用語はフランス語であり、フランス語で書いてあった。私はその言葉の説明には大いに納得し、長く忘れずにいる。簡単には変わることのない伝統的食習慣は、アフリカのこの国にもあり、日本にもある、と思ったものだった。この「レジスタンス」は精神的、文化

的な意味も含むと思う。これを田園のツーリズムの基礎に据えるとすれば、レジスタンスはグリーンの色彩を帯びるだろう。

　「田園産業」の考え方は、すでにどこかで意図されているかもしれないが、我々としては、地球温暖化という今日の時代的状況の中で、(弊害をもたらす意味に限定した)工業化に対立するもの、と狭い所に位置付けている。色々と議論が出て来るものと思う。それにもかかわらず、これを他に知らせたい、と我々は望んでいる。

結びにかえて

　普通、結びには本のまとめとなる言葉や文を書くものだろう。しかし本書ではそのようにはならないことになってしまった。なぜなら、本書の主張の最後が、今後に向けての出発点になりそうだからだ。

　すなわち、菲才の私の考えというのは、地球温暖化に対する対策として、農業の役割を(歴史的視点も加えて)再考し、そこに観光政策(ツーリズム)を加える政策、すなわち田園産業(試しに英語で書いてみると、physiocratic and touristic industry)政策をアジアの水田稲作国に知らせ、アジア田園産業国クラブを志向している。大事なことは、化石燃料の使用を減らし、二酸化炭素の排出量を減らすこと、と考えるからだ。

　本書で、G氏、T夫人と書いているのは、Monsieur and Madame Karlheinz and Thérèse GRAMMELSPACHERのことだ。今回のグランドツアーの時以外に、ずっと以前から学生たちだけでなく、私の小さな家族もフランスの他に、同氏の勤務地であったローマ等でG氏夫妻から沢山お世話になっている。同夫妻と我々に残された時間はいつまでも続くわけではない。本書を夫妻に献呈したいと思った。

　最後に、本書出版の機会を与えていただいた株式会社現代図

書代表取締役 池田広子氏、および、直接にお世話をいただいた編集担当の同社、野下弘子氏に御礼を申し上げたい。

2018年2月吉日

岩田　文夫

■著者紹介

岩田　文夫（いわた　ふみお）

中大・院（博）休学。(1970年から旧文部省・フランス政府給費留学生)、パリ大パンテオン・ソルボンヌ校で「社会経済事実史」研究法を学ぶ。以下略。

明海大(経)教授、学科主任。現在、名誉教授。

フランス、葡萄畑のツーリズムと観光案内所
～グランドツアーの回顧からアジア的田園産業を展望する～

2018年3月16日　第1刷発行

著　者　岩田　文夫　　©Fumio Iwata, 2018
発行者　池上　淳
発行所　株式会社　現代図書
　　　　〒252-0333　神奈川県相模原市南区東大沼2-21-4
　TEL　042-765-6462（代）　　　　FAX　042-701-8612
　振替口座　00200-4-5262　　　ISBN　978-4-434-24491-9
　URL　http://www.gendaitosho.co.jp　E-mail　contactus_email@gendaitosho.co.jp
発売元　株式会社　星雲社
　　　　〒112-0005　東京都文京区水道1-3-30
　TEL　03-3868-3275　　　　　　　FAX　03-3868-6588
印刷・製本　青史堂印刷

落丁・乱丁本はお取り替えいたします。　　　　　　　　　　　　　　　　Printed in Japan
本書の内容の一部あるいは全部を無断で複写複製（コピー）することは
法律で認められた場合を除き、著作者および出版社の権利の侵害となります。